I BUCHI NERI

ALLA SCOPERTA DEI MOSTRI DELL'UNIVERSO

Spazio-tempo, luce e gravitazione

di Igino Mauro Annarumma

ISBN 978-1-4092-9884-7

"Noi vogliamo, per quel fuoco che ci arde nel cervello,

tuffarci nell'abisso, inferno o cielo non importa.

Giù nell'ignoto per trovarvi del nuovo"

Charles Baudelaire

Presentazione

Il termine "buco nero" è entrato solo da alcuni anni nell'immaginario collettivo, evocando scenari fantascientifici e voragini spazio-temporali, ma la conoscenza vera e propria di questi "mostri" celesti, che sembrano violare le leggi fisiche finora accreditate, resta un patrimonio di pochi studiosi ed appassionati.

Fu il pastore inglese John Michell, nel 1783, a intuire, forse per primo, che la luce non potrebbe sfuggire a corpi densi almeno quanto il sole e di diametro cinquecento volte più grandi. Quegli oggetti, pensò Michell, sarebbero in questo caso invisibili.

Ma le prime teorizzazioni dei buchi neri risalgono solo a tempi più recenti, precisamente al 1939, quando Openheimer e Snyder pubblicarono il loro lavoro "Sull'attrazione gravitazionale continua", in cui si dimostrava matematicamente che una stella di massa superiore a quella del sole collassa fino a divenire invisibile. Alcuni decenni più tardi, alla fine degli anni sessanta, John Wheeler coniò l'espressione *"Black hole"*, ad indicare un corpo celeste talmente denso che il campo gravitazionale da lui creato non permette nemmeno alla luce di sfuggirgli. Un corpo con queste caratteristiche risulta quindi invisibile, sebbene la sua presenza possa essere rilevata proprio dall'osservazione dei fenomeni legati al suo campo gravitazionale.

A fronte di un argomento ostico ma senza dubbio intrigante, che cela numerosi enigmi ancora irrisolti, questo "I buchi neri – Alla scoperta dei mostri dell'universo" vuole essere un manuale divulgativo pensato per studenti e appassionati, che intendano approfondire le proprie conoscenze sull'affascinante e quanto mai misterioso fenomeno dei buchi neri e del loro impatto sullo spazio-tempo secondo le teorie attualmente più accreditate.

Citazioni, immagini, disegni e un utilissimo glossario dei termini usati nel testo ne accompagnano la lettura, rivelandosi un ottimo ausilio per lo studio e per la preparazione di tesi scolastiche o ricerche di gruppo, sia in ambito scolastico, sia a casa sia in ufficio.

Di facile lettura, ma senza mai cadere nella speculazione sterile, il testo ripercorre nei suoi passaggi il viaggio di un fantomatico e coraggioso astronauta nelle pieghe misteriose dell'universo, dove voragini oscure e tunnel spazio-temporali svelano man mano un cielo stellato assai diverso da quanto ce lo potremo immaginare.

Il ciclo di una stella

"Il sole per ampiezza,

è grande come

un piede umano."

AEZIO

Le stelle, come gli esseri viventi, nascono, si trasformano e muoiono.

Come questo avvenga è oggi più che sufficientemente compreso dall'astrofisica moderna, tanto da poter rappresentare scientificamente l'evoluzione di quasi tutti i corpi celesti e studiare le leggi fisiche che la governano.

Le stelle sono grandi sfere di gas la cui esistenza è strettamente legata all'equilibrio tra la forza gravitazionale e la pressione interna, alla conservazione dell'energia, di origine nucleare, e a numerosi altri parametri tra i quali i più importanti sono certamente la massa e la densità.

Da questi ultimi dipendono, infatti, la vita media delle stelle e la loro evoluzione finale.

Seguiamo lo sviluppo di una stella supermassiccia, cioè con massa pari a 60-70 volte quella del Sole.

Le stelle massicce nascono da zone maggiormente dense di materia interstellare: la protostella.

Le stelle si formano da agglomerati di materia interstellare, i globuli di Bok, dai quali, per successiva contrazione gravitazionale, scatenata da esplosioni di stelle massicce e da scontri tra nubi di gas e polveri, si origina la protostella.

Essa è caratterizzata da un nucleo, sede di intense trasformazioni nucleari, come la fusione dell'Idrogeno in Elio, e da una temperatura di 10 milioni di gradi. A questa temperatura, infatti, gli scontri tra le particelle si fanno violenti e generano nuove combinazioni di idrogeno pesante (deuterio) ed elio.

La protostella attrae la materia circostante, e i materiali più pesanti cadono al centro producendo una progressiva contrazione dell'ammasso stesso.

Dopo un lungo periodo di equilibrio, in cui l'energia dissipata all'esterno e che fa risplendere la protostella è compensata dalla contrazione e dal consumo del combustibile nucleare (sequenza principale), la tendenza alla contrazione gravitazionale prevale sulla tendenza all'espansione dovuta alla pressione dei gas, e la protostella, bruciato quasi tutto l'Idrogeno, (evento che si verificherà anche per il nostro Sole tra circa 5 miliardi di anni) ha nel suo nucleo solo atomi di Elio. In questo momento la temperatura del cuore della protostella supera i cento milioni di gradi. A questo punto si avvia la fusione dell'Elio in Carbonio-12, ma la reazione libera grandi quantità di energia non dissipabili dalla superficie stellare.

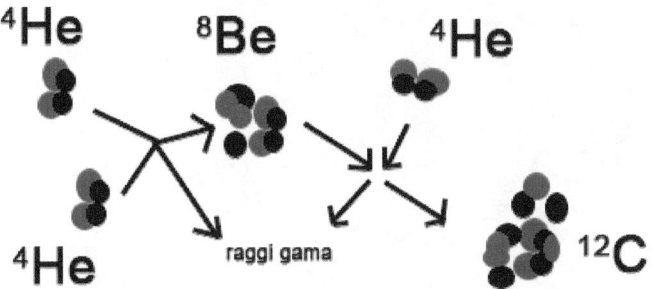

Dallo scontro di due molecole di Elio 4, ovvero con due protoni e due neutroni, si forma il Berillio 8, altamente instabile. Solo se nello scontro si verifica l'impatto di un ulteriore He4, si orgina il Carbonio 12

Gli strati superficiali ancora ricchi di Idrogeno si espandono raffreddandosi, e la stella aumenta il proprio diametro di 250 volte, trasformandosi in gigante rossa. Nel suo interno, il carbonio si combina ulteriormente con l'elio per formare l'ossigeno.

Ultimata la fusione del carbonio in ossigeno, il corpo celeste appare come un insieme di strati concentrici, dall'interno verso l'esterno: ossigeno, carbonio, elio, idrogeno.

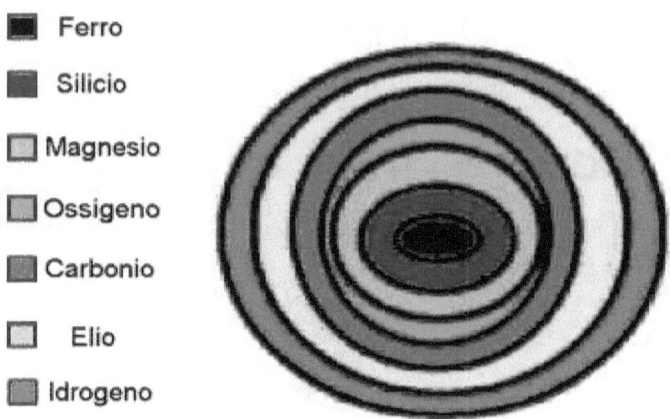

- ■ Ferro
- ■ Silicio
- ☐ Magnesio
- ☐ Ossigeno
- ■ Carbonio
- ☐ Elio
- ■ Idrogeno

La massa della stella è ancora tale da permettere il consumo di altra energia per continuare le reazioni nucleari: l'ossigeno fonde in magnesio, silicio e ferro.

I fisici hanno individuato come condizione di questa fase evolutiva della stella il superamento di 1,44 masse solari. Superato tale limite, definito limite di Chandrasekar dal nome dello scienziato indiano Subrahamanyan Chandrasekhar, decade il principio di esclusione di Pauli, secondo cui certe particelle non possono stare troppo vicine. Venendo a mancare così la forza di repulsione, il collasso della stella diviene inarrestabile. Al contrario, una stella di massa inferiore va incontro a raffreddamento e lenta contrazione, fino a divenire una nana bianca.

Solo le stelle che superano il limite di Chandrasekar (1,44 masse solari) sono considerate stelle massicce.

Il ferro è un elemento assai stabile, e in quanto tale un pessimo combustibile nucleare. Venendo meno l'equilibrio con la forza gravitazionale, la stella riprende a contrarsi. In tal modo la temperatura cresce vertiginosamente, e gli strati superficiali si espandono, fino a esplodere violentemente, per l'impossibilità di dissipare l'energia prodotta. La stella è detta supernova e assume la parvenza di un faro celeste, data la sua intensa luminosità, che può eguagliare per ore o giorni quella della galassia a cui appartiene. Nel caso di stelle supermassicce la massa restante, ammettendo una perdita di materia nell'ordine del 90%, supera comunque il limite di Chandrasekar e la contrazione del denso nucleo sopravvissuto riprende inesorabilmente. Da una supernova può originarsi una stella a neutroni o pulsar[1], per nuclei di massa più piccola, o un buco nero.

La stella a neutroni, o pulsar, collassa gravitazionalmente all'infinito, se la massa supera la densità critica.

Se il diametro del nucleo si riduce a una ventina di chilometri con massa pari a uno o due Soli, gli spazi fra gli atomi si annullano, i nuclei atomici entrano in contatto e si trasformano in neutroni.

Se invece la massa del nucleo supera le tre masse solari (limite di Volkoff-Openheimer), o se la stella di neutroni in un sistema binario attrae a sé la massa della vicina fino a superare tale limite, la forza gravitazionale risulta così forte da non permettere più a niente di sfuggire al suo campo. La stella morente è quindi divenuta un buco nero.

1) Nel 1967 furono scoperte le prime sorgenti che emettevano onde radio caratterizzate da pulsazioni brevissime e regolari. Per tale motivo furono erroneamente denominate pulsar, o stelle pulsanti. In realtà, le pulsar non sono altro che stelle di neutroni, ovvero i nuclei collassati di supernove, che, ruotando a velocità incredibili attorno a se stesse, in meno di un secondo, producono onde elettromagnetiche.

E' stata per esempio individuata una pulsar nella Nebulosa Del Granchio. Emette lampi di radiazioni trenta volte al secondo, in sintonia con gli impulsi a radiofrequenza. In generale però le pulsar sono troppo deboli per essere visibili otticamente.

Il buco nero: perché è nero?

<<...ti sarei grata se la smettessi di apparire mi fai girare la testa!>>.

>

<<D'accordo> disse il Gatto; e stavolta svanì molto lentamente,
cominciando dalla punta della coda
per finire con il sorriso, che rimase
lì per qualche tempo dopo che il resto era sparito.
<<Be'! Mi è capitato spesso di vedere un gatto senza sorriso>>,
pensò Alice,
<<ma un sorriso senza gatto! E' la cosa più curiosa che abbia mai visto
in vita mia! >>

Lewis Carrol,

Alice nel paese delle meraviglie, cap 6

Come il gatto di Carrol, che svanisce nel nulla, lasciando il suo sorriso come segno della sua misteriosa presenza, così la stella di neutroni collassata svanisce con tutta la sua materia nel buio cosmico, lasciando solo la propria massa col suo campo gravitazionale. Ciò le consente di attrarre la materia circostante, che scendendo lungo traiettorie a spirale verso il centro, riscaldandosi tanto da emettere radiazioni X, accresce la massa del buco nero e quindi l'intensità del suo campo gravitazionale.

L' imbuto spazio-temporale

Il buco nello spazio

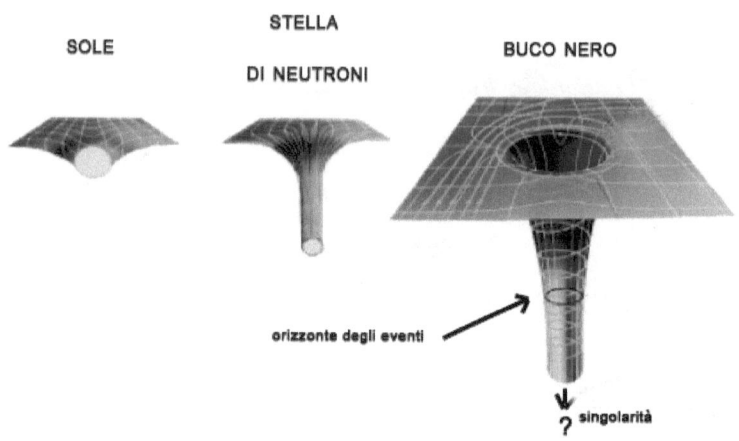

La massa gravitazionale di un corpo è per Einstein una proprietà geometrica dello spazio circostante.

Lo spazio piano bidimensionale in assenza di massa è rappresentato come un foglio di gomma. In presenza della massa poco concentrata di una stella lo spazio si incurva, fino a formare un lungo tubo se la massa è concentrata in un corpo di infinitesime dimensioni. Le pareti, sempre più ripide, diventano parallele e impossibile da risalire.

La curvatura dello spazio bidimensionale in presenza di un buco nero appare dunque come quella nella figura dove l'oggetto collassato che determina il forte campo gravitazionale si trova in fondo all'imbuto.

 La grande innovazione della teoria della relatività di Einstein è avere individuato nella geometria dello spazio-tempo il mezzo con cui l'energia impone la sua presenza attorno a sé.

Secondo la teoria della relatività generale la massa di un corpo può essere considerata in due modi diversi:

- massa di un corpo in moto in un campo gravitazionale;

- massa che genera un campo gravitazionale: massa gravitazionale attiva.

Ci occuperemo della massa gravitazionale attiva. Dimostriamo ora che essa agisce sullo spazio...

L' energia crea gravitazione ed è dunque una proprietà caratteristica di qualunque struttura fisica: tutti i corpi interagiscono gravitazionalmente tra loro.

Il campo gravitazionale dei buchi neri è così intenso che la luce nelle loro vicinanze staziona attorno a essi su orbite quasi circolari.

Osserviamo la posizione di una stella in una notte qualsiasi e annotiamone le coordinate.

Ora rimisuriamone la posizione quando il Sole si trova proiettato nelle sue vicinanze. Il raggio di luce proveniente dalla stella si sarà piegato seguendo la curvatura dello spazio determinata dalla massa del Sole.

La stella apparirà in S' e non in S:

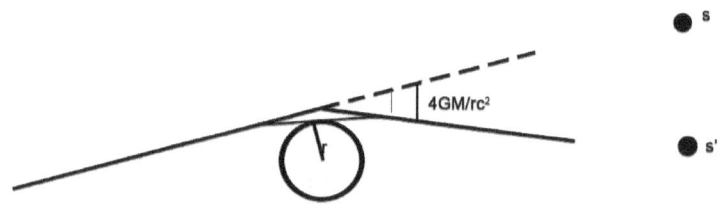

Ciò è verificabile confrontando le fotografie di un campo stellare durante un eclisse totale e dopo un pò di tempo, quando il Sole non è più nella zona: le stelle appaiono nella prima fotografia più lontane dal punto del campo dove si trovava il centro del Sole. Oggi tale metodo è stato applicato alle radiosorgenti.

La luce si incurva esattamente il doppio di quanto avrebbe potuto prevedere Galileo se essa si fosse comportata come un grave in uno spazio piatto, ovvero se si incurvasse solo per un effetto gravitazionale sulla sua massa, tenuto conto che la luce è energia, e massa ed energia sono legate dall' equazione di Einstein ($E = mc^2$). Non avrebbe cioè mai parlato di uno spazio curvo.

Se ci trovassimo sulla superficie di una stella di neutroni in fase di collasso, potremo notare che il raggio di luce emesso dal nostro potente proiettore si incurverebbe a causa della gravità fino a scomparire dentro il buco nero in formazione.

Perché avviene questo fenomeno?

Ogni corpo celeste, esercitando una sua attrazione gravitazionale, ha anche una sua specifica velocità di fuga, ovvero la velocità limite che un oggetto deve superare per poter sfuggire alla sua attrazione. Essa aumenta all'aumentare della sua massa e al diminuire del suo raggio.

Per la Terra tale valore è pari a 11,2 km al secondo, per il Sole raggiunge i 618 km/sec, ma nel caso di un buco nero, la velocità di fuga supera la velocità della luce.

Consideriamo l'energia cinetica di un oggetto e la sua energia potenziale, pari o superiore all'energia di legame, con M= massa del corpo celeste e raggio R, m= massa dell'oggetto, G = costante di gravitazione di Newton:

$$\frac{1}{2} m v_k^2 = \frac{GMm}{R}$$

La velocità di fuga è:

$$\frac{1}{2} v_k^{\,2} = \frac{GM}{R}$$

$$v_k = \sqrt{\frac{2\,GM}{R}}$$

<u>Quando la velocità di fuga diventa uguale alla velocità della luce si parla di raggio gravitazionale o << raggio di Schwarzschild>> (r$_*$, ovvero la distanza critica alla quale neanche la luce può uscire dal campo gravitazionale del buco nero)= 2GM/c^2</u>

I buchi neri hanno quindi un raggio minore o uguale al raggio di Schwarzschild.

Nel caso del Sole il raggio di Schwarzschild risulta essere di 3 km, ben al di sotto del suo raggio, pari a circa 700.000 km.

Il raggio gravitazionale del Sole:

$$R_q = \frac{2GM}{c^2} = 3(M/M_o)km$$

$$M_0 = massesolari$$

(un'unità di massa solare è pari a 2 x 10^30 kg)

Affinché una stella sia visibile il suo raggio reale deve essere maggiore del raggio gravitazionale ($r > r_*$).

Quando tale condizione non è rispettata lo spazio si chiude in se stesso. Si può pertanto definire un buco nero come una regione dello spazio-tempo da cui nessuna informazione può mai raggiungere il mondo esterna a essa.

La luce, e quindi ogni altra informazione, non potrà più uscire dalla stella. Tale limite è detto orizzonte degli eventi futuri.

L'Orizzonte degli eventi

L'orizzonte degli eventi è una superficie nulla, cioè tangente a tutti i punti del cono di luce, che può essere attraversata in un senso soltanto, come una membrana semipermeabile. In un buco nero ideale, cioè elettricamente scarico e non rotante, esso coincide con un'immaginaria superficie sferica o abbastanza sferica che copre il buco nero, il cui raggio è pari al raggio di Schwarzschild e dipende dalla sua stessa massa.

r_+ : è l'orizzonte esterno degli eventi che separa gli eventi osservabili all'infinito ($r > r_+$) da quelli nascosti ($r < r_+$)

r:orizzonte interno o di Cauchy. Delimita la regione che può essere predetta dalla conoscenza di dati iniziali su una superficie spaziale in $r > r_+$ (superficie di Cauchy).

La prova dell'esistenza dell'orizzonte degli eventi è arrivata da due osservatori spaziali della NASA: l'Hubble Space Telescope e il Chandra X-ray Observatory.

Studiando sistemi di *novae* a raggi X gli astronomi hanno verificato che i sistemi sospettati di ospitare buchi neri hanno emesso solo l'uno per cento dell'energia emessa da un sistema con una stella di neutroni.

Per mezzo di Hubble gli astronomi hanno invece osservato impulsi di luce ultravioletta, originatosi da un gas incandescente, la cui sequenza decade rapidamente in forma di spirale intorno a Cygnus XR-1. Ciò sarebbe indice della presenza di un orizzonte degli eventi.

Gli effetti della gravitazione sullo spazio e sulla luce vanno ben oltre la nostra immaginazione. Nel sito dell'International Numerical Relativity Group: si possono visionare simulazioni matematiche e modelli tridimensionali animati dei buchi neri elaborati con le più raffinate tecnologie oggi disponibili, tra le quali un codice matematico di pubblico dominio, il "cactus", e i computer più veloci oggi esistenti.

L'INTERNATIONAL NUMERICAL RELATIVITY GROUP (http://jean-luc.aei.mpg.de/) nasce dalla collaborazione tra i membri del Laboratory for Computational Astrophysics presso il National Center for Supercomputing Applications in Champaign-Urbana Illinois **USA,** del Washington University Relativity Group in St. Louis Missouri, e del Max-Planck-Institut für Gravitationsphysik, Albert-Einstein-Institut in Potsdam, **GERMANIA**. Usa supercomputer per studiare i buchi neri, le onde gravitazionali, e gli altri fenomeni predetti dalla Teoria della Relatività Generale di Einstein.

I buchi neri nel cinema:

" The Black Hole " (USA 1979) di Gary Nelson: un folle scienziato, a capo della stazione spaziale Cygnus, insegue il sogno di violare i misteri del buco nero.

E se il buco nero fosse una "porta delle stelle"?

Tra le teorie che riguardano da vicino i buchi neri, quella dei viaggi nello spazio e nel tempo è, per gli appassionati di scienza e fantascienza, senz' altro la più avvincente. Anche famose serie televisive, come la celeberrima X-Files di Chris Carter e Star Trek - Deep Space Nine, di Gene Roddenberry, hanno basato le proprie storie su distorsioni e tunnel spazio-temporali. Il buco nero è per ora il miglior candidato al ruolo di "*stargate*".

Dentro il buco

F''

F'

Immaginiamo che un esploratore suicida si avventuri all'interno di un buco nero per studiarlo.

Attratto inesorabilmente verso la singolarità dello spazio-tempo, l'astronauta subirà una differente accelerazione di gravità tra la testa e i piedi. Sappiamo, infatti, che l'attrazione è non solo direttamente proporzionale alla massa ma anche inversamente proporzionale al quadrato della distanza.

Trascurando la sua massa e la distanza tra le due estremità del corpo, minima rispetto al raggio gravitazionale del buco nero, egli sarà quindi soggetto a una forza:

F=F'-F''

da cui, sostituendo e mettendo a fattor comune:
F= 2GMmh/r^3.

Ciò vuol dire che l'astronauta che precipita nel buco nero finirà per essere orribilmente dilaniato, questo in un tempo che varia a seconda della massa del buco stesso. Se il buco nero avesse una massa pari a 10 miliardi di volte quella del Sole (i buchi neri galattici), l'esploratore vivrebbe al suo interno per alcuni minuti!

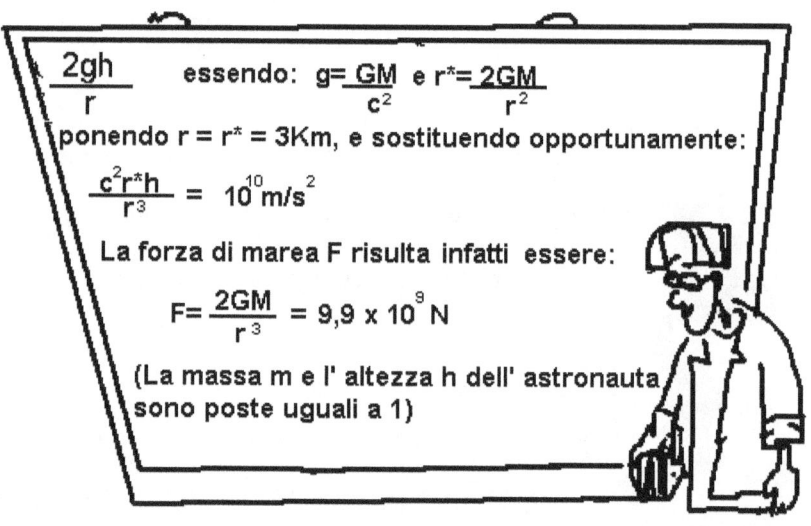

$\dfrac{2gh}{r}$ essendo: $g= \dfrac{GM}{c^2}$ e $r^*= \dfrac{2GM}{r^2}$

ponendo r = r* = 3Km, e sostituendo opportunamente:

$\dfrac{c^2 r^* h}{r^3} = 10^{10} \, m/s^2$

La forza di marea F risulta infatti essere:

$F= \dfrac{2GM}{r^3} = 9{,}9 \times 10^{9} \, N$

(La massa m e l' altezza h dell' astronauta sono poste uguali a 1)

A chi osservasse a distanza la caduta del temerario astronauta, i suoi gesti apparirebbero sempre più lenti, al contrario, i gesti dell'osservatore risulterebbero accelerati e convulsi se l'esploratore potesse guardarli. Un effetto del buco nero è, infatti, il "rallentamento del tempo", tanto maggiore quanto minore è la distanza dal buco nero. A una distanza pari a quella del raggio gravitazionale, il tempo sembra fermarsi. Ciò è possibile affermarlo in quanto si assume che l'oscillazione dei fotoni, che rallenta, ovvero tende al rosso, all'avvicinarsi ad un buco nero, equivale all'oscillazione degli elettroni degli atomi che li hanno emessi: la loro oscillazione scandisce il tempo, quindi, al diminuire della loro oscillazione, il tempo rallenta.

Classificazione dei buchi neri

Restando nei confini della relatività generale di A. Einstein, è possibile descrivere i buchi neri secondo quattro modelli matematici. Tanti sono le soluzioni formulate tenendo conto dei tre parametri sufficiente a descrivere un buco nero: massa, momento angolare e carica elettrica.

Buchi neri *di Schwarzschild*

(non ruotano e sono caratterizzati soltanto dalla massa, 1916).

Buchi neri *di Reissner-Nordstrom*

(dotati di massa e carica elettrica ma non ruotanti, eventualità ritenuta peraltro impossibile, 1916-18).

Buchi neri *di Kerr*

(dotati di massa e di rotazione ma non di carica elettrica, 1963).

Buchi neri *di Kerr-Newmann*

(caratterizzati dalla massa, dalla rotazione e dalla carica elettrica, 1965), detti anche *stazionari*. E' questo il modello di buco nero oggi più accreditato, in quanto la soluzione di Schwarzschild, seppur funzionale, non tiene in considerazione l'eventualità assai realistica che la materia collassante possa ruotare.

In quanto ruotante, la singolarità del buco nero non corrisponde ad un punto ma ad un anello, di conseguenza vi saranno due orizzonti degli eventi. Intorno all'orizzonte esterno si formerà inoltre l'*ergosfera*, una zona in cui lo spazio tempo non solo è curvato per effetto dell'intenso campo gravitazionale ma entra anche in rotazione.

In base alla loro massa, i buchi neri possono infine essere distinti in:

Buchi neri *stellari* (di massa tre volte circa quella del Sole).

Buchi neri *intermedi* (di massa circa 500 volte quella del Sole, si ritiene siano alla base della formazione dei buchi neri supermassivi o galattici).

Buchi neri *galattici* (di massa enorme, milioni di miliardi di volte quella del Sole. Si trovano al centro delle galassie)

La fisica dei buchi neri

Un buco nero è detto stazionario quando la geometria dello spazio-tempo e il campo elettromagnetico da esso generati non variano nel tempo e sono definibili attraverso tre unici parametri (teorema del *no-hair*): il momento della quantità di moto totale J, la massa M, la carica elettrica q.

$$\frac{J^2}{c^2 M^2} + \frac{G q^2}{4\pi \varepsilon_0 c^4} \leq \frac{G^2 M^2}{c^4}$$

Si ricorda che c è la velocità della luce nel vuoto ($2,997925 \times 10^8$ ms⁻¹), G è la costante della gravitazione ($6,672 \times 10^{-11}$ Nm²Kg⁻², ε_0 la costante dielettrica del vuoto ($8,85 \times 10^{-12}$).

E' tuttavia opportuno adottare tale forma della disequazione:

$$a^2 + Q^2 \leq m^2$$

dove: a=J/(cM),

$$Q = q(G/4\pi \varepsilon_0)^{\frac{1}{2}}/c^2$$

m=GM/c²

- Quando a=m, r (orizzonte esterno)=r' (orizzonte interno)=m, il buco nero di Kerr è detto estremo o degenere;

- Se a » 0 il buco nero di Kerr è corrispondente ad un buco nero di Schwarzchild;

- Quando a > m le metriche di Kerr non ammettono orizzonti e quindi non descrivono un buco nero;

- Quando a < m le metriche di Kerr descrivono un buco nero in quanto ammettono almeno un orizzonte degli eventi futuri.

La validità delle soluzioni triparametriche di Kerr-Newmann, sono dimostrate dal teorema del *no-hair* di W.Israel, B.Carter e D.C.Robinson (1967). Esso afferma che due corpi differenti, ma di uguali massa m, momento della quantità di moto J e carica elettrica Q, in caso di collasso gravitazionale, daranno vita a buchi neri indistinguibili. Ciò permette di esprimere globalmente la fisica dei buchi neri per mezzo di sole quattro leggi fondamentali:

Le leggi della meccanica dei buchi neri

Legge zero) La gravità superficiale di un buco nero stazionario è costante sull'orizzonte degli eventi.

Prima legge) Osserva l'immagine che segue: la prima formula rappresenta l'area dell'orizzonte degli eventi, la seconda la sua velocità angolare, l'ultima il suo potenziale.

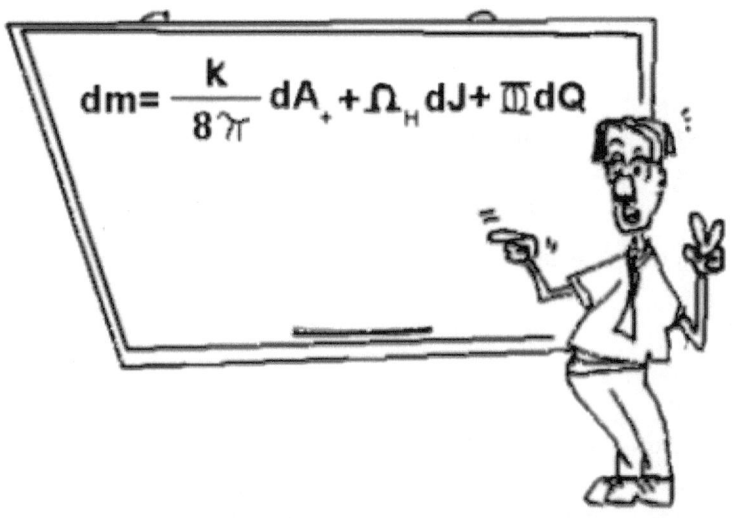

$$dm = \frac{k}{8\pi} dA_+ + \Omega_H \, dJ + \text{III} \, dQ$$

I due ultimi addendi dell'espressione costituiscono il lavoro compiuto dal buco nero per aumentare il suo momento della quantità di moto di dJ e la sua carica di dQ. In sostanza, quando il buco nero si trasforma da uno stato all'altro, la differenza di energia del sistema è pari alla somma del lavoro fatto per cambiare rotazione e carica e della variazione dell'area dell'orizzonte.

Seconda legge) L'area di un orizzonte degli eventi non può mai decrescere, cioè $dA_+ > 0$.

Terza Legge) Data la relazione formulata in base alle soluzioni triparametriche di Kerr-Newmann, in realtà è impossibile portare un buco nero allo stato estremo, ovvero tale che si abbia:

$$a^2+Q^2=m^2$$

Ciò è dovuto alla rigidità dell'orizzonte degli eventi.

In sostanza, la somma tra la quantità di moto angolare e la carica elettrica di un buco nero non può mai eguagliare la sua massa.

I buchi neri nell'arte:

Lucio Fontana (1899-1968), "Concetto Spaziale - attese" 1964

Il "taglio" di Fontana è "una formula spaziale", l'espressione di una nuova rappresentazione dello spazio e del tempo. Come i buchi neri nella superficie spazio-temporale, i "tagli" e ancor più i "buchi", ai quali lavorerà tra il 1958 e il 1959, mettono in rapporto il dietro della tela col davanti. Il diaframma del quadro è lacerato, i due bordi si piegano leggermente verso l'interno e, nel mezzo, il buio.

<<Io buco, passa l'infinito di lì, passa la luce>>.

Evaporazione dei buchi neri

Abbiamo descritto un buco nero come un corpo celeste dal quale nulla può sfuggire, nemmeno la luce. In realtà esso non è del tutto nero: un buco nero in formazione emette particelle in quantità inversamente proporzionale alla sua massa, come un corpo nero alla data temperatura.

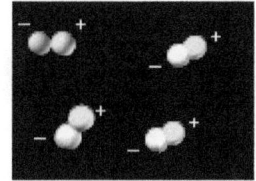 S. Hawking, nel 1974, rese nota alla comunità scientifica la sensazionale teoria per cui un buco nero in formazione emette una radiazione con spettro termico, a distanza asintotica (tendente a 0) dalla sorgente (radiazione di Hawking). La scoperta di Hawking dimostrava che i buchi neri, in altre parole, hanno una loro temperatura e possono evaporare fino a scomparire.

L'emissione è di tipo termico, con una temperatura direttamente proporzionale alla gravità superficiale del buco nero. Nel caso di un buco nero ideale, la temperatura risulta inoltre inversamente proporzionale alla massa, ovvero più è piccolo, più il buco nero è caldo. Per comprendere come ciò sia possibile è però necessario ricorrere alla quantistica: la fisica classica, infatti, in questo caso non è d'aiuto.

Alle origini del Big Bang:

Per il principio di indeterminazione di Heisenberg nel vuoto si formano coppie di particelle e antiparticelle, (coppie virtuali) che violano così il principio di conservazione dell'energia per tempi infinitesimi (6,5 x 10^-22 s) ma non quello della conservazione delle cariche:

$$\Delta Ex \Delta t \leq \frac{h}{2\pi}$$
$$\Delta E = m c^2$$
$$\Delta t = 6,5x 10^{-22} s$$
$$h = 6,626x 10^{-34} Js$$

Ciò vuol dire che il vuoto così come viene comunemente inteso, in realtà non esiste. Il vuoto nella sua accezione classica, infatti, viola il principio di Heisenberg, secondo il quale non è possibile conoscere, contemporaneamente, posizione e velocità di una particella: tutti i valori, nel vuoto, sarebbero, infatti, pari a zero. Esso è costituito, invece, da coppie virtuali, non osservabili ma dagli effetti misurabili, di particelle e antiparticelle.

In prossimità di un buco nero le coppie virtuali possono venir divise, in quanto una particella o antiparticella può oltrepassare l'orizzonte degli eventi mentre l'altra, privata della sua controparte, può allontanarsi e diventare reale, così come tali coppie vennero, presumibilmente, divise e allontanate dalla forza di espansione dello spazio all'origine dell'universo.

L' energia necessaria a creare tutte queste particelle è l'energia gravitazionale della singolarità iniziale dello spazio-tempo. Affinché ciò possa avvenire, la particella virtuale deve essere prodotta a una distanza tale che:

$$| E^2 | < 1/d$$

$$d = r[(r - 2m)/2k]^{1/2}$$

(k=1/4m è la gravità superficiale secondo la metrica di Schwarzschild.)

L'impressione è che la particella sfuggita al buco nero e diventata reale, quindi visibile, sia stata emessa dal buco nero. La particella così visibile, invece, è stata emessa dallo spazio circostante l'orizzonte degli eventi.

Secondo la nota legge E=Mc^2 la particella, nel cadere dentro il buco nero, sottrae la sua massa a quella del buco nero, il quale, nel perderla, diviene più piccolo e più caldo, aumentando, come abbiamo detto all'inizio, la sua capacità di irradiamento termico.

Un buco nero impiega $6,7x10^{66}[(M/M°)^3]$ anni circa per irradiare tutta la sua massa.

A questo punto, si può supporre che l'informazione catturata dal buco nero, ossia i corpi celesti, le particelle, la luce, il nostro astronauta temerario, non vengano più restituiti, in quanto il buco nero può evaporare fino a scomparire. Questo violerebbe però uno dei concetti fondamentali della fisica delle particelle: un altro dei tanti quesiti ancora aperti sui buchi neri.

Energia dal buco nero

Il buco nero, come descritto da Kerr, è caratterizzato da una regione detta ergosfera, nella quale ogni corpo o particella non può più restare a distanza fissa dal buco nero ma è costretta a partecipare alla sua rotazione, pur preservando la possibilità di sfuggire alla sua attrazione gravitazionale.

Se una delle coppie virtuali di particelle E entra nella ergosfera, ovvero supera il limite stazionario ove il nostro astronauta rimane a distanza di osservazione, essa può separarsi in due particelle cariche di energia E_1 e E_2 , delle quali, poniamo, E_2 viene catturata dall'attrazione gravitazionale del buco nero fino a scomparire oltre l'orizzonte degli eventi, mentre l'altra, E_1, riesce a sfuggire portando con sé più energia di quanto ne avesse prima.

Per il principio di conservazione delle cariche, a scapito di massa e rotazione del buco nero:

$E = -E_2 + E_1$ da cui $-E_1 = -E - E_2$ ovvero

$E_1 = E + E_2$

Vediamolo nel dettaglio questo processo di "estrazione di energia" dal buco nero, con l'ausilio della seguente illustrazione:

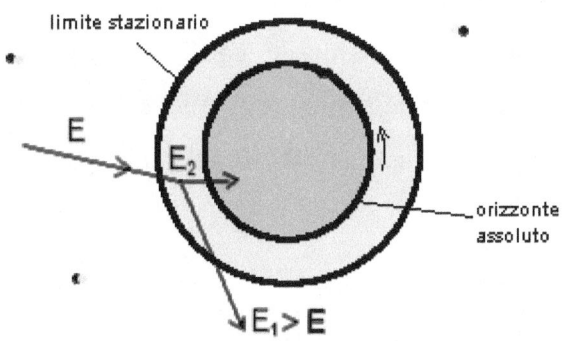

$E = E_1 + E_2$ (flusso di energia o particella originale) Una delle coppie virtuali che caratterizzano lo stato quantistico di vuoto.

A distanze maggiori di d dall'orizzonte degli eventi la coppia si annichilisce.

Ma a distanza d la particella negativa con energia $E_2 < 1/d$ può essere assorbita dal buco nero; a distanze minori possono esserlo entrambe le particelle + e -.

E_1 = flusso di energia positiva misurabile all'infinito $>E$. Il buco nero amplifica l'onda che lo investe per mezzo della sua rotazione, e la particella positiva (con momento della quantità di moto concorde a quella del buco nero) sfugge all'infinito con una massa- energia maggiore di quella iniziale.(emissione stimolata da parte del buco nero).

Se la massa del buco nero tende all'infinito, l'emissione spontanea svanisce ma persiste quella delle particelle con momento della quantità di moto minore (emissione spontanea). Anche la particella positiva può cadere nel buco nero =>INSIEME alla particella negativa!

Ma se riesce a sfuggire dalla regione prossima al buco nero grazie alla sua E positiva, diventa una particella reale visibile.

E_2 = flusso di energia entrante negativa.

Sottrae energia rotazionale o elettromagnetica al buco nero.

A caccia di buchi neri

<<Esistono dunque nel cielo dei corpi neri, grandi quanto le stelle e forse

altrettanto numerosi.>>

Pierre - Simon De LaPlace (1796)

"Esposizione del sistema del mondo"

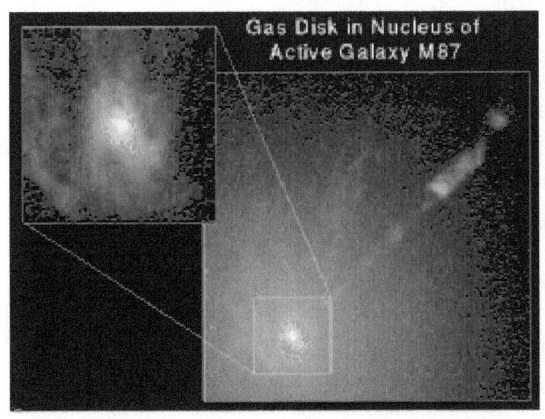

Previsti dalla teoria della gravitazione di Einstein e dalla teoria di Brans Dicke - Jordan,

considerata la più seria rivale della teoria della relatività generale, i buchi neri furono scoperti teoricamente per la prima volta da Openheimer e Snyder nel 1939. Solo dal 1971 però si è incominciato a parlare seriamente di buchi neri, grazie alle osservazioni astronomiche, allo studio delle righe spettrali e delle forti emissioni di raggi X a intervalli di circa un 1/1,000 di secondo, recepite dall'osservatorio orbitale Uhuru: si trattava di _Cignus X-1,_ la prima prova dell'esistenza dei buchi neri a 8000 anni luce da noi.

Come sappiamo, i buchi neri non sono visibili, a meno di osservarne gli effetti della loro intensa forza gravitazionale sullo spazio-tempo circostante.

Una delle tecniche più impiegate nella ricerca dei buchi neri è quella di osservare sistemi binari che presentino una forte emissione di raggi X. Questi, infatti, sarebbero originati dalle altissime temperature dei gas stellari catturati dal buco nero, nell'ordine di centinaia di milioni di gradi. Tali gas vengono attratti con moto vorticoso verso il buco nero, che li sottrae alla compagna, e si dispongono intorno ad esso come un "disco di accrescimento", in cui le parti esterne ruotano più velocemente di quelle interne.

Cignus X1, in cui è visibile questo fenomeno, fa parte di un sistema binario in cui una supergigante accompagna un buco nero della massa pari a cinque o sei volte quella solare.

Il telescopio spaziale XMM-Newton ha rilevato la radiazione X di un buco nero in rotazione. Masao Sako (Columbia University-New York) ha così interpretato gli spettri registrati dall'osservatorio dell'ESA. La radiazione è, infatti, notevolmente spostata dalle frequenze standard, e la giustificazione più plausibile è proprio quella di gas cosmico ad alte temperature in orbita alla velocità della luce attorno a un buco nero. Solo se rotante, il buco nero, attraendone le masse, conferisce ai gas l'avvolgimento a spirale verso il suo asse di rotazione. Altri candidati a ospitare o essere buchi neri sono: la galassia M87, nella costellazione della Vergine, di massa 5 miliardi quella del Sole; la galassia NGC4261; i corpi celesti LMCX-1 e LMCX-3 nella grande nebulosa di Magellano a 150.000 anni luce da noi, e Sagittario A. al centro della Via Lattea, di 3,5-5 milioni di masse solari;

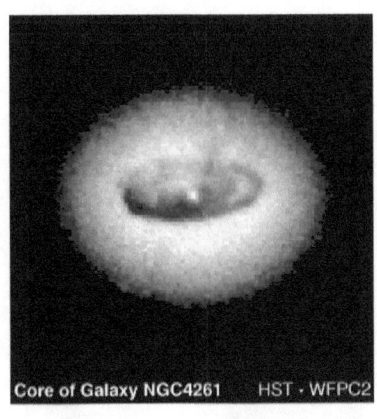

Core of Galaxy NGC4261   HST · WFPC2

Intorno a Sagittario A, gli astronomi dell'UCLA (University of California –Los Angeles) hanno scoperto nel 2005 migliaia di buchi neri, a circa 26,000 anni luce da noi, utilizzando il Chandra X-ray Observatory della NASA, l'agenzia spaziale statunitense.

I buchi neri supermassivi al centro delle maggiori galassie, con una massa compresa tra 1 miliardo e 10 miliardi di masse solari, risultano individuabili dalla veloce rotazione del nucleo della galassia stessa e dall'emissione di raggi X e, possibilmente, raggi gamma fluttuanti.

Questi ultimi sono stati rilevati sopratutto dal Compton Gamma Ray Observatory.   Anche il Very Large Telescope ha rilevato un sottile disco di gas intorno al nucleo di Centaurus A, una galassia situata a circa 11 milioni di anni luce di distanza. Inoltre, dato ancor più incoraggiante, le misure condotte sul centro della galassia, mostrano che l'oggetto supermassiccio ospitato pesa più di 200 milioni di masse solari!

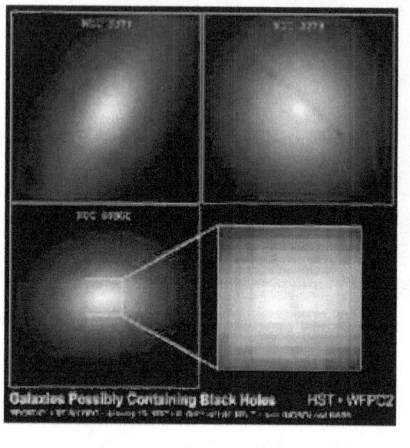

Le osservazioni dell'astronomo Douglas Richstone (Michigan) condotte con lo HST sembrano confermare l'ipotesi che buchi neri supermassicci risiedano nel nucleo delle galassie a spirale: su un campione di 30 galassie solo una ne è risultata priva.

A sostegno dell'ipotesi di buchi neri supermassicci al centro di molte galassie ellittiche c'è anche l'alto valore del rapporto tra la massa e la luminosità (direttamente proporzionale): circa 70.

Per galassie a spirale, come la nostra, il valore del rapporto M/l è assai inferiore, addirittura minore di 10. Nel 2008, ad esempio, lo XMM-Newton X-ray space telescope ha individuato, nella galassia ESO 243-49, a circa 290 milioni di anni luce da noi, un oggetto estremamente luminoso, chiamato HLX-1 (Hyper-Luminous X-ray source 1).

L'estrema luminosità rilevata, implica la presenza di un buco nero di massa compresa tra le 10^2 e 10^5 masse solari. La scoperta ha permesso, per la prima volta, di avere la conferma dell'esistenza di buchi neri di dimensioni intermedie, una via di mezzo cioè tra i buchi neri super-massicci, presumibilmente formatisi da più buchi neri intermedi, posti al centro delle galassie con masse dell'ordine di milioni o miliardi di volte quella della nostra stella, e buchi neri di dimensioni stellari (da 3 a 20 volte il Sole).

Un'altra spia della presenza di buchi neri sono i fenomeni delle lenti gravitazionali, ovvero forti distorsioni nell'osservazione dell'universo, che si spiegano con l'attrazione esercitata sulla luce, che va a disporsi in modo circolare intorno al buco nero.

Recentemente, nel marzo 2008, gli astronomi della NASA hanno calcolato la massa del più piccolo buco nero mai scoperto prima: misura infatti 3,8 masse solari e ha un diametro di 15 miglia, assai vicino alle dimensioni minime previste per i buchi neri derivati dallo stadio terminale delle stelle. Esso risiede in un sistema binario della Via Lattea, denominato XTE J1650-500, nella costellazione dell'Ariete. Per calcolarne la massa, gli studiosi hanno utilizzato i dati del Rossi X-Ray Timing Explorer (RXTE), in grado di misurare la variazione delle emissioni di radiazioni X, secondo un modello che si ripete regolarmente, detto QPO (*quasi-periodic oscillation*). La frequenza di queste oscillazioni, infatti, risultano essere proporzionali alla massa del buco nero.

I buchi neri di dimensioni molto piccole, secondo S.Hawking, sarebbero i resti di buchi primordiali in fase di evaporazione: idealmente, il buco nero più piccolo ha una massa di 10 miliardi di tonnellate, concentrata in uno spazio del diametro inferiore a un millimetro.

Nel 1964, infine, Novikov ipotizzò che frammenti di Big Bang sarebbero rimasti inesplosi: essi costituirebbero i buchi bianchi, caratterizzati da un'espansione esplosiva accompagnata da un'intensa liberazione di energia. Tali fenomeni sono stati osservati in numerose galassie in formazione.

(*immagini della Nasa*)

I viaggi nello spazio-tempo

"La teoria di Einstein è una folle stravaganza?

Sicuramente sì."

The New York Times, 1921

Il problema del viaggio nel tempo è strettamente connesso alle origini del moderno genere narrativo della fantascienza. Si ricordi per esempio il classico romanzo di Mark Twain *"Un americano alla corte di*

re Artù", dove un americano dell'Ottocento viene catapultato nell'Inghilterra medievale, ma soprattutto *"La macchina del tempo"* di H.G.Wells, nel quale si esprime la partecipazione sofferta dell'autore per i destini dell'uomo.

Una versione assai meno drammatica della creazione di Wells la regala ancora una volta il cinema con la commedia di Robert Zemeckis *"Ritorno al futuro"* del 1984.

Ma i viaggi nel tempo non sono soltanto una creazione della fantascienza. Fu lo stesso Einstein ad affermare che il problema della possibilità dei viaggi nel tempo << mi disturbò già dal tempo in cui costruii la teoria della relatività generale, senza riuscire a chiarirlo... Sarà interessante considerare se queste [soluzioni] non debbano essere escluse per ragioni fisiche>>[a]

I buchi neri nel fumetto:

NATHAN NEVER - UN NUOVO FUTURO (Albo Gigante n° 3 1998, Sergio Bonelli Editore)

"...Noi della Dakkar abbiamo avuto un privilegio...quello di incontrare lungo la nostra rotta il vortice luminoso che ci sta davanti e che vedete riprodotto in questa proiezione olografica...sottoposto a una attenta analisi, il vortice si è rivelato un buco nero espanso, sottoposto a una "iniezione" di materia protostellare...non ne conosciamo l'origine, ma in sostanza quello che vediamo è uno strappo attraverso il tempo e lo spazio..."

---

a)*Albert Einstein scienziato e filosofo* di A. Gamba, Boringhieri

I concetti di Spazio e Tempo

Spazio e tempo nella relatività di Einstein e suoi paradossi.

Solitamente siamo portati a immaginare lo spazio come un piano geometrico a tre dimensioni:

1) Lunghezza x

2) Altezza y

3) Profondità z

In realtà lo spazio è caratterizzato da una quarta dimensione: il tempo.

Esso è un concetto relativo, ovvero la percezione dello scorrere del tempo non è uguale per tutti gli osservatori.

Mentre per Galileo e Newton esisteva un tempo assoluto **t** del tutto indipendente dal sistema di riferimento, nella teoria della relatività ristretta (1905) di Einstein a ogni evento corrisponde non soltanto una coordinata x_i diversa, ma anche un tempo t_i diverso per ogni sistema di riferimento.

Ovvero due eventi che accadono nello stesso tempo in due luoghi diversi per un osservatore, non risultano essere necessariamente simultanei per un secondo osservatore in moto rispetto al primo.

Pertanto l'"ora", il "prima" e il "dopo" sono concetti relativi, come lo è quello di "contemporaneità".

Vediamone un esempio:

"Si fissi l'attenzione sul viaggiatore sul treno che legge il giornale:

per qualsiasi osservatore che si trovi sul treno, il viaggiatore legge il titolo e la fine di un articolo sempre nello stesso posto ma in istanti diversi; invece per gli osservatori che si trovano in un sistema fisso, ovvero lungo la linea ferroviaria, al di fuori del treno, lo stesso viaggiatore legge il titolo e la fine dell'articolo in due luoghi che distano parecchi chilometri".

Constatando inoltre che la velocità della luce, misurata, risultava invece essere la stessa per tutti gli osservatori, indipendentemente dal loro moto relativo, (non possono avere l'impressione che la sua velocità diminuisca, come invece accade a un automobilista che inseguendo un treno più veloce vede il convoglio più lento di quanto sia in realtà, avverte cioè solo la differenza di velocità) Einstein ottenne anche le seguenti quattro conseguenze per spazio, tempo e materia:

a)Per oggetti in moto, rispetto all'osservatore, il tempo misurato risulta rallentarsi. Ovvero, se due persone si muovono a grande velocità l'una rispetto all'altra, ciascuna vede l'orologio dell'altra rallentare.

Si è sperimentato che orologi atomici trasportati in alta quota a bordo di aerei molto veloci rimangono indietro rispetto a quelli sulla terra. Per il noto paradosso dei cugini, un astronauta di ritorno da un viaggio intergalattico a bordo di astronavi velocissime scoprirebbe di essere realmente più giovane del cugino liceale rimasto sulla Terra!

b)Gli oggetti misurati mentre sono in movimento risultano contrarsi. O meglio, se due persone si spostano a grande velocità l'una rispetto all'altra, ciascuna vede l'altra appiattita nella direzione del moto.

c)I corpi dotati di massa diventano sempre più "pesanti" in relazione alla velocità a cui procedono, tendendo all'infinito in prossimità della velocità della luce. (per la nota formula $E=mc^2$, l'energia coincide con la massa).

d)Spazio e tempo sono strettamente connessi, e insieme formano un sistema quadrimensionale assoluto.

E' la velocità della luce a definire la connessione fra spazio e tempo. Tale reciprocità si suole, infatti, indicare in astronomia con l'"anno-luce", $9,46 \times 10^{12}$ km, che indica lo spazio percorso dalla luce nel tempo di un anno.

Una delle strutture fondamentali dello spazio-tempo è il cono di luce. Esso è l'insieme di due coni aperti alla base, uniti con continuità nel vertice e orientati in senso opposto.

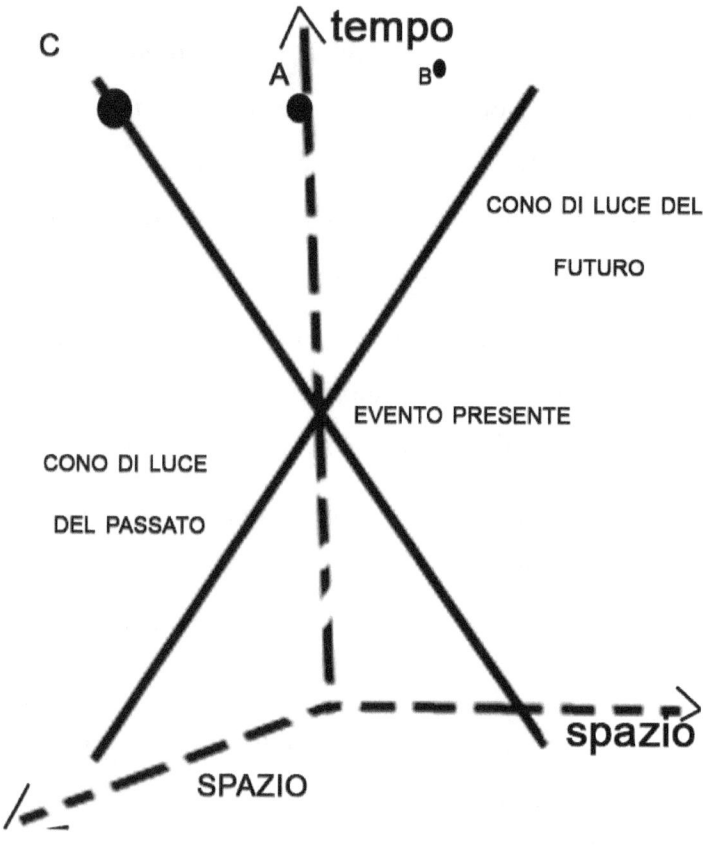

Un cono segnala tutto ciò che è nel passato causale dell'evento, che è nel suo vertice, mentre l'altro indica la regione dello spazio-tempo che è raggiungibile nel suo futuro. Ogni punto ha il suo cono di luce e quindi, poiché in natura tutto evolve localmente dal passato al futuro, la storia temporale d'ogni corpo è descritta da una linea (la linea-universo) che si estende sempre dal passato al futuro (ad esempio in direzione di A o B), rimanendo all'interno dei coni di luce. I bordi dei coni sono percorribili solo dalla luce, che quindi ne rappresenta i limiti (movimento verso C).

Per esempio, se l'evento descritto fosse la morte del Sole, la Terra non ne sarebbe influenzata subito, perché si troverebbe al di fuori del cono del futuro, nell'"altrove". La Terra verrebbe raggiunta dalla luce solo dopo otto minuti. Se ne deduce che l'Universo che osserviamo oggi è quello che era nel passato, perché la luce impiega del tempo a raggiungerci. Tutti i punti di un buco nero sono invece esterni al passato causale dell'universo, ovvero non appartengono all'insieme dei punti che formano il cono di luce del passato. Ciò vuol dire in breve che nulla può uscire da un buco nero.

Infine, affinché un esploratore possa viaggiare nel passato di un suo coetaneo, occorre che, ad un certo momento, i loro coni di luce siano reciprocamente invertiti, in modo che il cono del futuro del primo sia orientato nel senso del cono del passato dell'altro. Ciò è possibile solo se il primo osservatore viene a trovarsi in uno spazio fortemente distorto rispetto all'altro e attraversi un campo gravitazionale di intensità infinita. In realtà le equazioni di Einstein forniscono numerose soluzioni che danno vita ad altrettante e contraddittorie teorie, le quali devono essere attentamente relazionate a quell'assetto logico che ci forniscono le leggi della fisica classica. Ciò non esclude che tali requisiti di plausibilità non variano nel tempo, come effettivamente dimostra la storia della fisica moderna.

Da questi presupposti si sviluppa la teoria del ponte Einstein-Rosen.

Lo spazio curvo implica, oltre alla relativizzazione del concetto di tempo, un secondo fenomeno ancora più interessante in relazione ai viaggi spaziali: una linea retta non è necessariamente la distanza minore fra due punti.

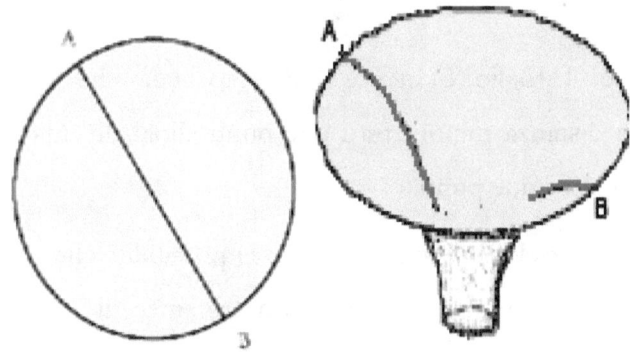

Normalmente la distanza più corta tra due punti A e B situati agli opposti del cerchio, disegnato su un foglio di gomma, è data dalla linea (geodetica) che li unisce passando per il centro del cerchio. Se invece il foglio è deformato al centro, il percorso AB più corto è la circonferenza. Ma noi non siamo in grado di percepire direttamente la curvatura dello spazio: è come se vedessimo il cerchio deformato al centro dall'alto. La linea da A a B ci apparirebbe simile a una linea retta e nel percorrerla non ci renderemo conto che essa discende lungo le superfici del foglio di gomma. La relatività generale ammette che ci possano essere curvature tali del foglio spazio-temporale per cui si vengano a creare dei cunicoli di collegamento.

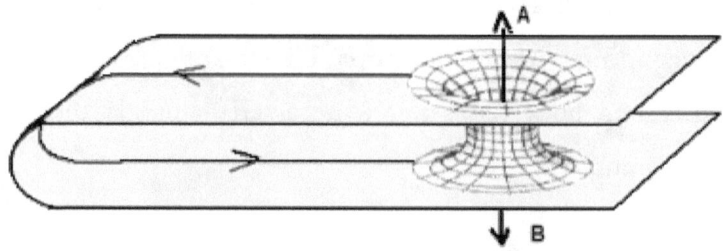

In questo caso, se il foglio è invece incurvato, tale che A si sovrappone a B, la distanza minore tra i due punti allora diventa la linea retta congiungente i due punti.

La soluzione di Schwarzschild descrive proprio la possibilità che una sorgente puntiforme, come un corpo non rotante di massa infinitesimale e volume nullo, generi due universi identici tra loro uniti da un cunicolo spaziale detto "ponte di Einstein-Rosen". Tale ponte non è però attraversabile, per via della presenza della sorgente, o singolarità. Il limite invalicabile costituisce in questo caso l'orizzonte degli eventi. Ipoteticamente, il tunnel potrebbe essere costituito anche dalla fusione delle singolarità di due buchi neri (singolarità nuda), detto "ponte di Einstein-Rosen" o "wormhole". La relatività generale ammette tale possibilità, ma ne limita la durata nel tempo a brevi intervalli, col rischio per l'esploratore di terminare la propria corsa in una delle due singolarità e qui disintegrato.(vedi soluzioni del diagramma di Penrose-Carter)

Ora, se il buco nero è l'ingresso di tale tunnel, l'uscita è necessariamente un buco bianco.

Fu per primo l'astrofisico Novikov, nel 1964, a formulare la teoria per cui "frammenti" della singolarità iniziale dell'universo (Big Bang) sarebbero stati espulsi senza esplodere. Queste "sorgenti" si comportano come big bang in miniatura e sono stati chiamati, appunto, buchi bianchi. I migliori candidati sono i quasar e i nuclei di galassie ellittiche giganti e delle galassie di Seyfert (galassie al cui centro avvengono fortissime esplosioni che lanciano la materia interstellare a velocità di 5000 Km/s, osservate con gli spettroscopi).

L'esistenza dei buchi bianchi risolverebbe il problema della perdita dell'informazione. Così come suggerito da Hawking, le informazioni cosmiche inghiottite dal buco nero, vengono perse nel momento in cui egli scompare per evaporazione. Ma se la materia passasse in universi paralleli o in altre parti dello stesso universo, non si avrebbe il paradosso dell'informazione temuto dai fisici. In termini quantistici, a livelli infinitesimali, si apre la possibilità che la struttura spazio-temporale stessa dell'universo sia caratterizzata da fluttuazioni spontanee della geometria, tali che nuovi ponti si creino e scompaiano continuamente.

Il diagramma di Penrose-Carter

Le soluzioni per i viaggi nel tempo

Secondo le soluzioni matematiche di Kerr è ammessa la possibilità dei viaggi in altri universi, attraverso un buco nero. Unica condizione è che la luce viaggi su una retta a 45° (L): pertanto i viaggi possibili di un ipotetico esploratore nello spazio-tempo sono solo quelli compreso tra t(s) e la retta di 45°. Il viaggio C richiede, infatti, velocità superiori a quella della luce.

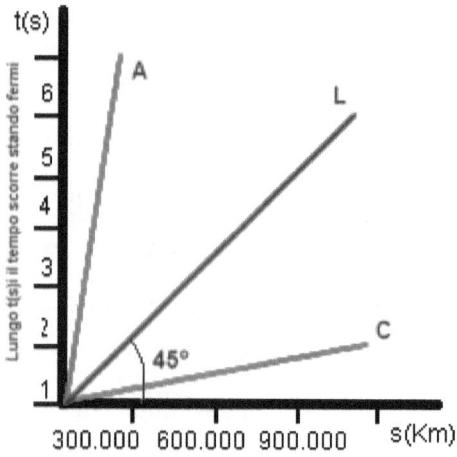

Nel diagramma seguente, i due universi A e B si sovrappongono solo nel punto di fusione delle singolarità o "gola di Einstein-Rosen".

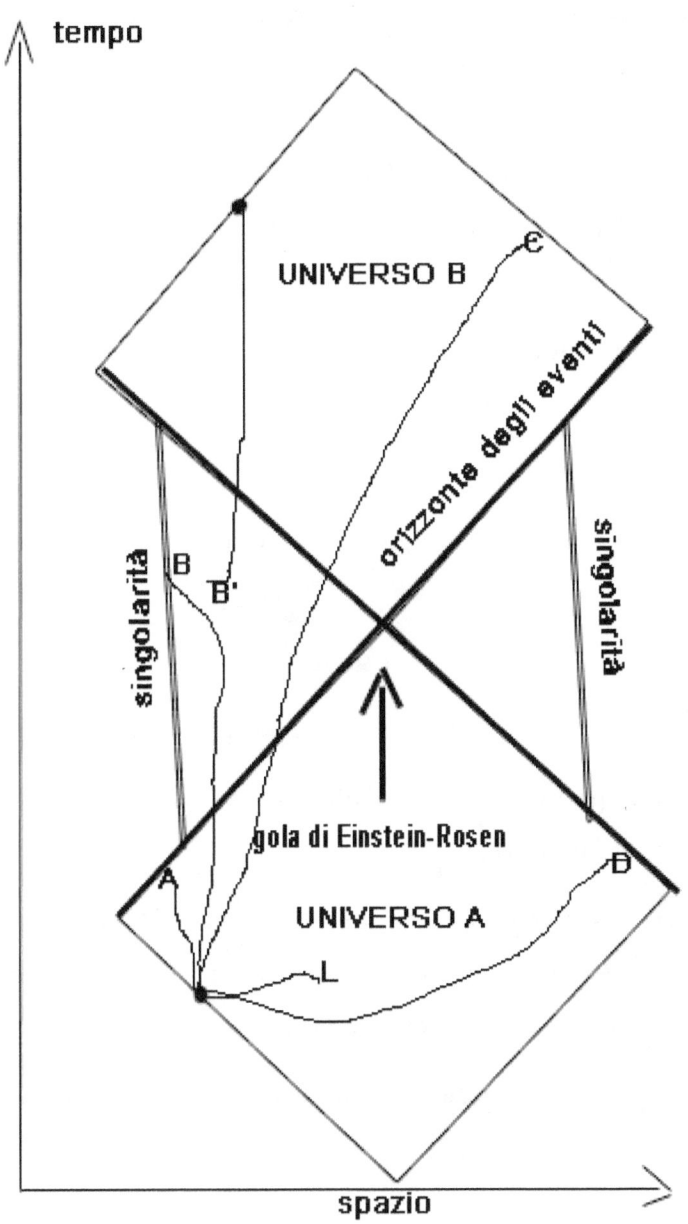

tempo

UNIVERSO B

C

orizzonte degli eventi

singolarità

B B'

singolarità

gola di Einstein-Rosen

A

D

UNIVERSO A

L

spazio

Le due rette perpendicolari che si incrociano al centro del diagramma di Penrose-Carter e tutte le altre ad asse parallele rappresentano i due orizzonti degli eventi trovati da Kerr (il secondo orizzonte, detto di Cauchy è interno e segna il limite della regione che può essere predetta dalla conoscenza dei dati iniziali su una superficie spaziale $r > r_*$).

Secondo Kerr, inoltre, si può attraversare l'orizzonte degli eventi senza cadere necessariamente nella singolarità.

Le rette considerate formano tre regioni:

Tipo I) Le aree comprese tra gli universi esterni, come il nostro, e il primo orizzonte

Tipo II) le aree tra il primo e il secondo orizzonte

Tipo III) le aree tra il secondo orizzonte e la singolarità;

Il diagramma può continuare all'infinito secondo lo stesso schema, collegando infiniti universi.

Solo il viaggio C permette di raggiungere un secondo universo senza disintegrarsi nella singolarità o riapparire dopo infiniti viaggi nel nostro universo, in luoghi o tempi diversi della partenza.

Lo stesso diagramma può essere adattato per la soluzione di Schwarzschild: in questo caso non è possibile raggiungere un secondo universo, ma è ammessa la possibilità che un astronauta che provenga dall'universo B, nel suo viaggio B' possa incontrare il viaggiatore B proveniente dall'universo A, prima di cadere nella singolarità.

Il buco nero è per ora il miglior candidato al ruolo di "*stargate*".

Cosa ci riserva il futuro

Il cammino alla scoperta e alla comprensione dei fenomeni dei buchi neri è ancora lungo e complesso.

Più recentemente, si è cercato di trovare soluzione ai limiti evidenti della relatività generale e della quantistica, messi a nudo proprio dai buchi neri e dai paradossi che essi ispirano. Una di queste possibili soluzioni è la teoria delle stringhe, sviluppata negli anni settanta ma applicata ai buchi neri solo negli anni novanta. Secondo tale teoria, le unità fondamentali dell'universo non sono più le particelle, ma corde unidimensionali che muovendosi generano spazi multidimensionali. Un'evoluzione di tale teoria è la teoria M, che considera le membrane come unità fondamentali, che generano quindi un volume-universo nello spazio-tempo. In questi spazi esse possono anche oscillare

Calcoli come quelli di Vafa e Strominger sembrano aprire nuovi spiragli alla conoscenza dei buchi neri, il fenomeno tra i più affascinanti e misteriosi dello spazio-tempo, una vera e propria sfida suggestiva alla scienza e alla conoscenza.

Fonti:

An intermediate-mass black hole of over 500 solar masses in the galaxy ESO 243-49 Sean A. Farrell[1,2,4], Natalie A. Webb[1,2], Didier Barret[1,2], Olivier Godet[3] & Joana M. Rodrigues[1,2] Nature 460, 73-75 (2 July 2009)

Big Bang - origine e destino dell'universo Trinh Xuan Thuan Universale Electa / Gallimard (1993)

Buchi neri e Universi paralleli in Le Scienze n° 348 – 1997 a cura di Fernando de Felice Le Scienze

Chandra X-ray Center (2005, January 12). Chandra Finds Evidence For Swarm Of Black Holes Near The Galactic Center. ScienceDaily. Retrieved August 26, 2009, from http://www.sciencedaily.com-/releases/2005/01/050111114024.htm

Cosmic evolution during primordial black hole evaporation Winfried Zimdhal *e* Diego Pavon *"astro-ph" Nasa 1998*

Dal Big Bang ai Buchi Neri di Stephen HawKing, Rcs Rizzoli Libri (1988)

Dialogo sul tempo relativistico (e sui buchi neri) *in* La fisica nella Scuola n°3 – 1984 *a cura di* Elio Fabri Istituto di Astronomia dell'Università Pisa

Durham University (2008, September 17). Scientists Find Black Hole 'Missing Link'. ScienceDaily. Retrieved August 26, 2009, from http://www.sciencedaily.com-/releases/2008/09/080917145139.htm

E se non esistessero? *in* Scienza & Vita n°5 – 1995 di Renaud De La Taille, Rusconi Editore

Esplosioni galattiche colossali *in* Le Scienze n° 331- 1996 *a cura* di S.Veilleux, G.Cecil, J.Bland-Hawtorn, Le Scienze

Evidence for a Massive Black Hole in the SO Galaxy NGC 43442 Nicolas Cretton *e* Frank C. van den Bosch *"astro-ph" Nasa 1998*

I buchi neri e il paradosso dell' informazione *in* Le Scienze n° 346 – 1997 a cura di Leonard Susskind Le Scienze

Il Buco Nero Al Centro Della Nostra Galassia di Fulvio Melia, Bollati Boringhieri Editore (2005)

Il cuore oscuro dell' universo di Lawrence M. Krauss, Mondadori-De Agostini (1990)

Il recalcitrante padre dei buchi neri *in* Le Scienze n° 336 – 1996 a cura di Jeremy Bernstein Le Scienze

Incontro con una stella di Robert Jastrow, Mondadori-De Agostini (1990)

I misteri del tempo Paul Davies A.Mondadori S.p.A. Fondamenti di fisica 3 Paul A. Tipler Zanichelli

La natura dello spazio e del tempo *in* Le Scienze n° 337 – 1996 *a cura di* S.Hawking *e* Roger Penrose Le Scienze

La scienza nel pensiero di Leopardi *in* Le Scienze n° 357 – 1998 a cura di Sandro Modeo Le Scienze

Le scienze matematiche e l'astronomia *a cura di* Maurice Dumas, *brano di* Margherita Hack Universale Laterza

L'Universo che fugge Paul Davies, Mondadori- De Agostini (1979)

Luci e ombre sull'universo Vincenzo Croce Paravia (1981)

NASA/Goddard Space Flight Center (2008, April 2). Smallest Black Hole Ever Discovered Has Amazing Tidal Force. ScienceDaily. Retrieved August 26, 2009, from http://www.sciencedaily.com-/releases/2008/04/080401141549.htm

Nascita e morte delle stelle *in* Le Scienze-Quaderni n°99 – 1997 *a cura di* Franco Pacini Le Scienze

Ohio State University (2005, March 2). Astronomers Measure Mass Of Smallest Black Hole In A Galactic Nucleus. ScienceDaily. Retrieved August 26, 2009, from http://www.sciencedaily.com-/releases/2005/02/050223152854.htm

Spazio, tempo e relatività *in* Le Scienze-Quaderni n° 97 – 1997 *a cura di* Fernando de Felice, Le Scienze

Supermassive Black Holes in Early-Type Galaxies: Relationship with
Radio Emission and Constarints on the Black Hole mass Function
di A. Franceschini, S. Vercellone, A. C. Fabian *"astro-ph"* Nasa *1998*

University Of California - Los Angeles (2005, January 11).
Astronomers Find Evidence For Tens Of Thousands Of Black
Holes. ScienceDaily. Retrieved August 26, 2009, from
http://www.sciencedaily.com-
/releases/2005/01/050111090506.htm

Links utili:

- http://www.esa.it/ Ente Spaziale europeo

- http://damtp.cam.ac.uk/user/hawking Stephen hawking
  Home Page

- http://www.nasa.gov Ente Spaziale americano

- http://xxx.lanl.gov/abs/astro-ph *The Astrophysical Journal
  Letters*

- http://www.batse.msfc.nasa.gov/ BATSE Colloquium Series
  Studio sui raggi gamma

- http://oposite.stsci.edu/pubinfo/ Hubble Space Telescope
  News

- http://www.aas.org/ American Astronomical Society

- http://science.msfc.nasa.gov/ Marshall Space Flight Center

- http://einstein.stanford.edu/ Gravity Probe-B

- www.bradley.edu/las/phy/solar_system.html Falling into a Black Hole

- http://casa.colorado.edu/~ajsh/schw.shtml Virtual Trips to Black Holes and Neutron Stars

- http://antwrp.gsfc.nasa.gov/htmltest/rjn_bht.html

Appendice:

GLOSSARIO DEI TERMINI IN USO

Atomo

La più piccola parte di un elemento chimico, come l'idrogeno, l'elio o il carbonio. Gli atomi sono costituiti da un compatto nucleo circondato da uno o più elettroni.

Buco nero

Ciò che resta di una stella supermassiccia collassata. E' caratterizzato da una forza di gravità così forte che neanche la luce può sfuggire alla sua azione. Per fuggire dal buco nero necessita di una velocità maggiore di quella della luce stessa, che non è possibile raggiungere.

La loro osservazione diretta è impossibile, ma la loro esistenza è rilevabile dai loro effetti gravitazionali e dalla radiazione emessa dal materiale che vi cade dentro. E' stata individuata una forte sorgente di raggi X nel sistema binario Cigno X-1.

Campo Elettro-Magnetico

Una regione dello spazio caratterizzata dalla interazione reciproca dei campi elettrici e magnetici. Questa è determinata dal movimento di una carica elettrica o di un flusso di cariche (corrente). Infatti, una carica stazionaria produce soltanto un campo elettrico nello spazio circostante, mentre se la carica si muove viene prodotto anche un campo magnetico. Inoltre un campo elettrico può essere prodotto anche da un campo magnetico variabile nel tempo. In circostanze determinate, al campo elettromagnetico variabile nel tempo è associata un'onda elettromagnetica che si propaga nel vuoto a una velocità pari a quella della luce e a frequenze diverse (vedi raggi X e gamma).

Censura cosmica

Ipotesi secondo cui nel nostro universo possono esistere solo singolarità nascoste del buco nero. Esse sono una parte dell'universo stesso e sono sempre nascoste agli osservatori distanti dal loro orizzonte degli eventi.

Classe spettrale

Classificazione assegnata a una stella in base all'analisi spettroscopica. Esistono sette classi fondamentali: O, B, A, F, G, K, M. Esse vengono assegnate in base alla temperatura superficiale e al colore, due caratteristiche interdipendenti, perché a un dato colore corrisponde una certa temperatura. Le stelle O hanno colore azzurro e temperatura elevatissima (40,000 °C) mentre quelle di tipo M hanno colore rosso e temperatura relativamente inferiore (1700 °C). Ogni classe spettrale è poi suddivisa in ulteriori dieci sottoclassi numerate da 0 a 9. Il Sole è per esempio una stella di classe G2.

Corpo nero

Un corpo che assorbe tutte le radiazioni che lo colpiscono. La frequenza delle radiazioni, uguale a quella delle radiazioni assorbite, dipende dalla sua temperatura. L'emettenza specifica, ovvero l'energia liberata per unità di superficie e di tempo ($E/l^2 t$) a tutte le lunghezze d'onda, è: $Q = k (T^4)$ con $k = 5,67 \times 10^{-8}$

E' possibile studiare un corpo nero perfetto solo in laboratorio, e confrontarne lo spettro con quello di altri corpi celesti. Il Sole risulta comportarsi come un corpo nero alla temperatura di 6000 K.

Curvatura

E' comunemente intesa come uno strappo nel continuum spazio-tempo. Lo spazio-tempo si incurva per effetto delle forze di gravità agenti su di esso.(vedi singolarità e gravitazione).

Densità

Il rapporto tra la massa di un corpo e il suo volume. La *densità relativa* è invece definita come una grandezza adimensionale, ovvero come il rapporto tra la densità di un corpo e quella dell'acqua.

Diagramma di Hertzsprung-Russel

Un grafico a due dimensioni: luminosità stellare e temperatura superficiale (cioè il tipo spettrale, lungo l'asse orizzontale).Il diagramma rivela diversi gruppi di stelle, dei quali il più importante è la sequenza principale che scorre diagonalmente da sinistra a destra in modo decrescente. La sequenza non è evolutiva ma riguarda la massa, che determina significativamente il tipo spettrale e la luminosità di una stella. Altri gruppi sono supergiganti, giganti rosse, e nane nere.

Equazione di Einstein

E' l'equazione che esprime l'equivalenza di energia (E) e di massa (m) attraverso la velocità della luce (c). $E = mc^2$

Elettrone

Particella elementare di carica negativa e una massa che è solo 0,0005 quella del protone, cioè 9×10^{-28} grammi. Gli elettroni sono i costituenti di base degli atomi.

Energia

La misura dell'attitudine di un corpo a compiere lavoro. Ci sono diverse forme di energia, come quella meccanica, elettrica, chimica e nucleare. L'energia si misura in diverse unità, tra cui il joule (J) che è proprio del Sistema Internazionale di misurazione.

Fusione nucleare

Reazione nei nuclei degli atomi che si combinano per formare nuclei di atomi pesanti (che richiedono più energia per reagire chimicamente) e rilasciare energia. .

Gigante rossa

Una stella successiva alla sequenza stellare principale di massa simile a quella del Sole ma 250 volte più grande e con una temperatura superficiale di 4000 °K

Geodetica

La linea più corta che unisce due punti nello spazio-tempo. Intorno alla singolarità di curvatura dei buchi neri si parla di geodetiche di tipo tempo incomplete.

Gravità *o* FORZA GRAVITAZIONALE

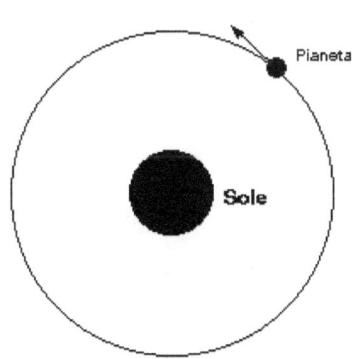

La forza di attrazione tra le masse. La gravità è una delle quattro forze fondamentali della natura (le altre sono la forza elettromagnetica, la nucleare forte e la nucleare

debole). Secondo la teoria di Newton la forza fra due masse è $F=GMm/r^2$, dove $G=6,67 \times 10^{-11} Nm^2/Kg^2$, mentre nella Relatività Generale la gravitazione è vista come una curvatura nella geometria dello spazio-tempo e una proprietà di tutti i corpi, che si manifesta con il moto degli oggetti su traiettorie che corrispondono alla minima distanza possibile in uno spazio-tempo curvo.

Ione

Un atomo che ha perso o guadagnato uno o più elettroni. Il più semplice è il nucleo dell'atomo di idrogeno, con un protone.

Magnete

Un corpo dotato di due poli opposti non separabili, il polo Nord e il polo Sud, che esercitano forze attrattive e repulsive su altri magneti o materiali quali ferro e nichel

Massa

La quantità di materia in un oggetto, solitamente espressa in kilogrammi. La massa di un oggetto è responsabile della sua inerzia, ovvero della sua resistenza all'accelerazione. (vedi forza gravitazionale)

Massa solare

Una massa uguale a quella del Sole -- 2×10^{30} kg o circa 330,000 masse terrestri. E' usata come riferimento per l'indicazione delle masse degli altri corpi celesti.

Mezzo interstellare

Il materiale diffuso nelle galassie fra le stelle solitamente separate da alcuni anni luce. Nelle nubi interstellari si formano le stelle e vengono originate a loro volta da esplosioni di supernove e da altre perdite di massa dei corpi celesti. Un componente fondamentale del mezzo interstellare è l'idrogeno neutro che nonostante la sua bassissima densità (circa 50 atomi per centimetro cubo), ne compone con molta probabilità la metà della massa.

Momento

Il momento è una grandezza fisica definita genericamente come il prodotto della forza per la distanza del punto dalla sua retta d'azione.

Nana Bianca

Una stella compatta, con una massa inferiore a 1.4 masse solari, e un raggio paragonabile a quello della Terra. La nana bianca raggiunge una densità 10 milioni di volte quella dell'acqua. Il moto degli elettroni impedisce alla stella di trasformarsi in un buco nero (pressione di degenerazione) e provoca il riscaldamento intorno ai 100.000 °K della nana, che diffonde così la caratteristica luce bianca. Poiché non hanno una sorgente interna di energia, le nane bianche si raffreddano lentamente fino a diventare corpi non luminosi, le nane nere.

Neutrino

Una particella elementare di zero carica elettrica e una piccolissima massa. I neutrini sono stati prodotti in quantità enorme in tutto l'universo dalle reazioni nucleari delle stelle in formazione ma interagiscono solo in minima parte con le altre particelle cosmiche.

Neutrone

La particella che insieme al protone forma il nucleo di un atomo, ad eccezione di quello dell'idrogeno ionizzato che presenta solo un protone nel nucleo e un elettrone.

Nucleo atomico (*pl.* nuclei)

Il cuore di un atomo, che è formato di protoni e neutroni. Il numero di protoni determina la natura del nucleo: il nucleo di Idrogeno ha un protone, l'Elio ne ha due, il Carbonio invece sei, etc.

Orizzonte degli eventi

Il "punto di non ritorno" di un buco nero: nulla può uscire dall'interno dell'orizzonte degli eventi a causa dell'intensità del campo gravitazionale. Per fuggire dal buco nero necessita di una velocità maggiore di quella della luce, che non è possibile raggiungere.

L'orizzonte degli eventi è una superficie nulla, cioè tangente a tutti i punti del cono di luce. La proprietà di persistere a perturbazioni atte a distruggerlo è detta rigidità dell'orizzonte degli eventi.

Pressione

La forza per unità di superficie in un gas o liquido, espressa in newton per m^2. Per esempio la pressione al livello del mare sulla Terra è: 1.01×10^5 newton per m^2. La pressione al centro del Sole è invece: 3×10^{16} newton per m^2.

Protone

Una particella con carica positiva che, insieme con i neutroni, è presente nei nuclei atomici.

Pulsar

Una rotante stella a neutroni se le radiazioni appaiono come regolari pulsazioni.

Quantità di moto

Misura vettoriale della velocità di un corpo in rapporto alla massa del corpo stesso. (**q** =mv).

Raggio di Schwarzschild

Distanza critica alla quale la velocità di fuga dal buco nero è uguale alla velocità della luce. Nulla può cioè sfuggire al campo gravitazionale del buco nero. $r_* = 2GM/c^2$

Raggi gamma

Onde elettromagnetiche di frequenza molto grande, dunque dotate di molta energia, prodotte da collisioni di particelle elementari.

Raggi X

Onde elettromagnetiche prodotte dalla transizione degli elettroni più vicini al nucleo. Sono dotate di minore energia dei raggi gamma.

Relatività Generale

La famosa teoria della gravitazione sviluppata da A. Einstein tra il 1905 e il 1916 nel tentativo di spiegare un risultato sperimentale, che la velocità della luce nel vuoto ha sempre lo stesso valore rispetto a qualsiasi sistema di riferimento inerziale, cioè indipendentemente dal moto della sorgente di luce e dell'osservatore. La teoria afferma tra l'altro che il tempo è una dimensione dello spazio (spazio-tempo) ed è relativo. Su di esso agisce la gravitazione, che incurva lo spazio-tempo quadrimensionale.

Sequenza principale

Sequenza di massa del diagramma HR contenente le stelle che ricavano la loro energia dalla conversione di idrogeno (H) in elio (He) al loro interno. Affinché ciò avvenga la temperatura deve essere di almeno 10.000.000 di gradi. Il Sole è una stella della sequenza principale.

Singolarità

Una regione distorta dello spaziotempo in cui la curvatura dello spazio-tempo diventa infinita (concentrazione infinita di materia in un volume nullo) e dove le ordinarie leggi della fisica non possono più essere applicate. L'universo avrebbe avuto origine da una singolarità, antecedente il Big Bang.

Singolarità nuda

Una singolarità senza un orizzonte degli eventi, ovvero non circondata da un buco nero. Essa è la base portante della teoria dei wormhole, ma l'ipotesi della censura cosmica di R.Penrose ne escluderebbe l'esistenza, almeno nel nostro universo. Il Big Bang sarebbe una singolarità nuda, una sorta di buco bianco.(*vedi anche* "wormhole")

Sole

La stella al centro del nostro sistema planetario che consente la vita sulla Terra, riscaldandola e illuminandola. Il Sole è una stella della sequenza principale con un raggio di 700,000 chilometri, una massa di 330,000 masse terrestri e una temperatura superficiale di circa 6000 °K (classe spettrale G2), mentre la temperatura nel centro è di 15 milioni °K.

Stella

Una sfera di gas autonomamente luminosa che genera energia per mezzo di reazioni nucleari al suo interno. Le stelle sono costituite principalmente di idrogeno ed elio. Il Sole è per esempio composto per il 94% da idrogeno e il 5,9% di elio, lo 0,1% di altri elementi. La massa è il fattore principale che determina l'andamento della sua esistenza.

Stella di neutroni

Una stella compatta costituita prevalentemente di neutroni. La stella di neutroni ha una massa da uno a tre masse solari. La sua densità è paragonabile a quella di un nucleo atomico (da 100 a 1,000 trilioni di volte la densità dell'acqua).

Supergigante

Una stella 10 volte più massiccia e 500 volte più grande del Sole, molto luminosa, alla fine della sequenza principale. A seconda della temperatura superficiale, si distinguono supergiganti blu, gialle, o rosse. Solitamente evolve in supernova.

Supernova

La fine esplosiva di una stella di grande massa che disintegra l'astro precedente (supernova di tipo I; la stella precorritrice è una nana bianca di circa 1.4 masse solari, in sistemi binari), o espelle una larga parte degli strati esterni della stella precorritrice a migliaia di chilometri al secondo, dando vita a una stella di neutroni o un buco nero (supernova di tipo II; la stella che le origina ha una massa circa 8 volte superiore a quella del Sole e ha totalmente esaurito il suo combustibile nucleare). Le supernove sono eventi abbastanza rari ma molto luminosi (una supernova può brillare quanto una galassia di miliardi di stelle): negli ultimi mille anni ne sono state osservate solo cinque visivamente nella nostra Galassia, la più recente nel 1987, nella Grande Nube di Magellano.

Supernova, residuo di

L'involucro espanso di gas derivato da una supernova e mescolatosi con gas e polvere interstellare. Nell'immagine qui accanto sono visibili i resti di una supernova.

Velocità della luce

La velocità nel vuoto, solitamente indicata con "c" è uguale a circa 300,000 chilometri/secondo. Nessun corpo dotato di massa può superare tale velocità.

Wormhole

Tunnel spazio temporale, la cui teoria è stata formulata per la prima volta da John Whreeler. Sono i corridoi che attraverserebbero l'orizzonte degli eventi di buchi neri e di buchi bianchi, permettendo attraverso di essi lo spostamento a grandi distanze addirittura in universi paralleli. I wormhole dunque non presentano singolarità, e la materia che li attraversa uscirebbe da un buco bianco.

Indice